嗷！我是伶盗龙

江 泓 著 郑思瑶 绘

我叫安德鲁斯，是一只成年雄性伶盗龙，今年 8 岁了。我的体长有 1.8 米，体重却只有 15 千克。我可是白垩纪时期蒙古地区绝顶聪明的恐龙呢！

北京科学技术出版社

6月12日

我们伶盗龙属于大名鼎鼎的驰龙家族。驰龙可是白垩纪时期地球上最成功的捕猎者。伶盗龙标志性的特征是后脚第二趾的镰刀爪。镰刀爪平时高高翘起，只在捕猎时才会成为猎杀猎物的利器！我们驰龙家族有好多大明星，比如小盗龙、恐爪龙和犹他盗龙等。

我生活的地方不仅有森林、湖泊，还有起伏的沙丘，绿色和黄色在这里形成了鲜明的对比。雨季，雨水汇集成一条条小溪，流入森林中的湖泊。我喜欢雨季，因为那时候黄色的沙丘上也会长出绿色的植物，许多植食性恐龙都会来到这里，我就可以每天都吃饱了。

6月15日
今天，我从池塘边经过，听到有人在喊：“维洛西拉龙！”原来，是哈兹卡盗龙在叫我。人类给我们伶盗龙起了很多名字，比如快盗龙、疾走龙、维洛西拉龙等。不过，我最喜欢别人叫我“伶盗龙”。
维洛西拉龙！
疾走龙！
伶盗龙！
快盗龙！

哈兹卡盗龙和我都是驰龙家族的，但他可是家族中的异类。因为他大部分时间都在水中生活，脚上甚至长出了划水的脚蹼，嘴巴也变得狭长，用来抓鱼。

我还是喜欢在陆地上生活，因为我喜欢在原野上快速奔跑的感觉。

6月22日

我最近特别馋恐龙蛋，所以想去灌木丛里碰碰运气，我知道经常有别的恐龙在那里筑巢。别说，还真让我发现了一窝恐龙蛋。可是，还没等我靠近，从旁边突然冲出来一只窃蛋龙。看他准备跟我拼命的架势，我只好咽咽口水，赶快撤了。

窃蛋龙是我见过的最负责任的恐龙父母。为了让蛋顺利孵化，他们会像鸟类那样轮流趴在蛋上面孵化。当小窃蛋龙破壳而出后，窃蛋龙父母还会出去寻找食物喂养宝宝。真让人感动。

7月24日

今天我的表弟来做客，我发现他的鼻子比我的高，微微鼓了起来。我和表弟虽然都属于伶盗龙，但并不完全一样。我的全名是蒙古伶盗龙，而表弟的全名是奥氏伶盗龙。

蒙古伶盗龙和奥氏伶盗龙都属于伶盗龙。蒙古伶盗龙因在蒙古地区发现而得名，奥氏伶盗龙的命名则是为了纪念波兰的一位古生物学家。

——作者注

10月3日

今天运气不错，早上在池塘边抓到了一只古猬兽。多棒的早餐啊！我觉得哺乳动物比恐龙好吃多了，但是他们跑得快又胆子小，大多只在夜晚才出来活动，因此想要抓到他们并不容易。

我们伶盗龙长着一双具有夜视功能的大眼睛。借助微弱的月光，我们就能看清周围的一切。我们经常白天睡大觉，养足了精神后晚上出去打猎，这样抓到哺乳动物的机会就大多了。

10 月 28 日

现在正处于难熬的旱季，炙热的阳光烤着大地，食物也变少了。为了能够填饱肚子，伶盗龙会聚集在一起，组成狩猎团队，我也加入了其中。

我们发现了一只落单的安德萨角龙。安德萨角龙能够长到 4 米长，比我们更大、更强壮。但为了生存，我们勇敢地冲上去，发起了围攻。如果成功，这只安德萨角龙够我们吃一个星期了。

3月21日

旱季就要结束了，我也开始褪毛了。经常有其他恐龙嘲笑我："你这毛真是白长了，又不会飞！"其实，我身上的毛的主要作用是保温，毛的颜色还是一种保护色。我的前肢因为长有羽毛，所以很像一对小翅膀，但它们不能让我飞，只能在我快速奔跑时帮助我保持平衡。

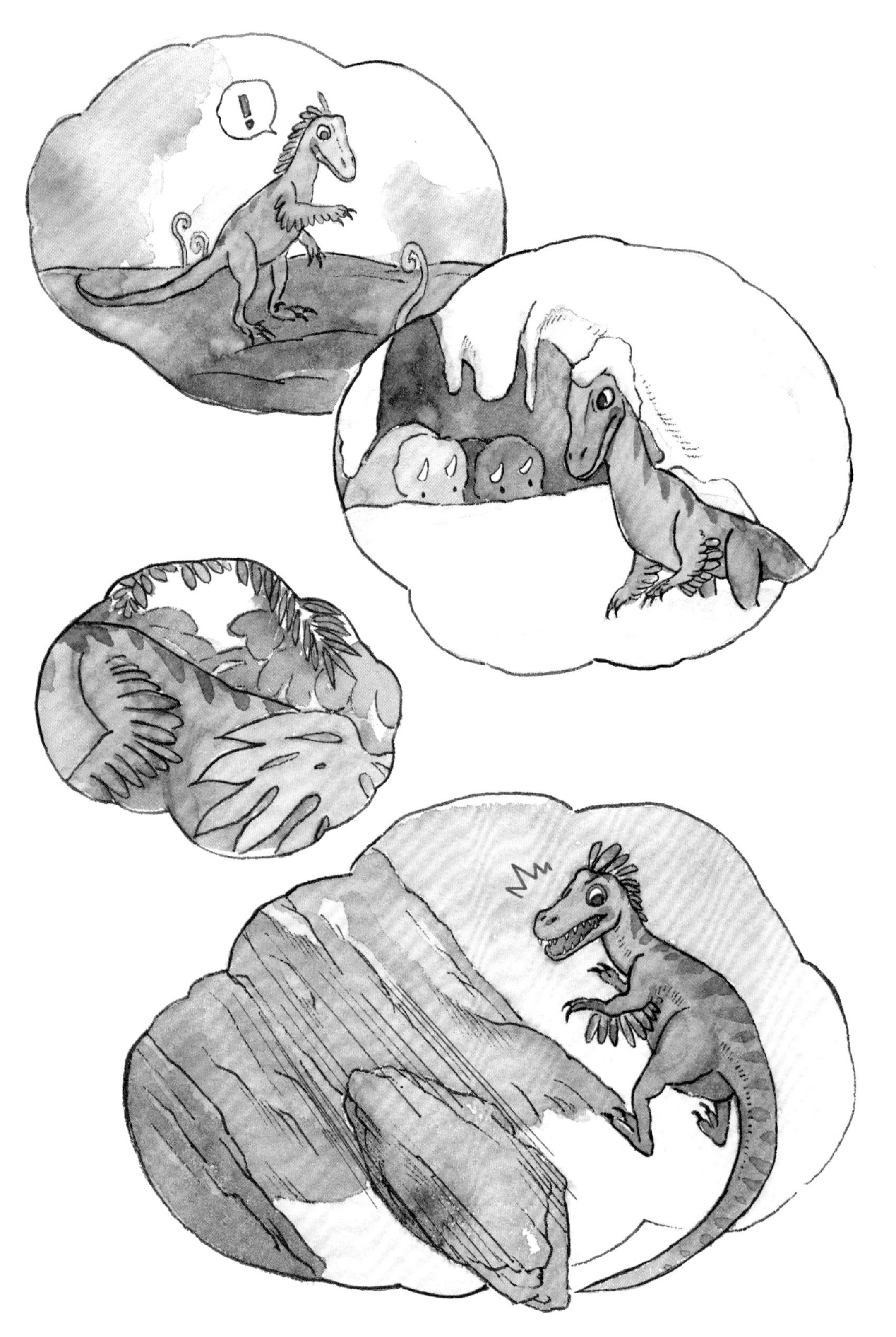

4月6日

几只窃蛋龙怒气冲冲地来找我，说我偷了他们的蛋。我承认，我的确很想吃恐龙蛋，但这事真不是我干的。窃蛋龙拿出一根羽毛，我马上认出这是白魔龙的毛。白魔龙干了坏事就嫁祸于我，这已经不是第一次了，我得好好教训他一顿。

4月11日

今天终于碰到了白魔龙。我说要请他吃好吃的，这个贪吃的家伙立即就答应了。

我带着白魔龙穿过沙丘，走到一块看似正常的沙地时，我大步跨了过去。跟在后面的白魔龙没有发现异常，结果一脚踩进了流沙里，陷入其中，动弹不得。

我教训了白魔龙一顿，直到他求饶才把他从流沙中拉了出来。看这家伙以后还敢不敢再嫁祸于我！

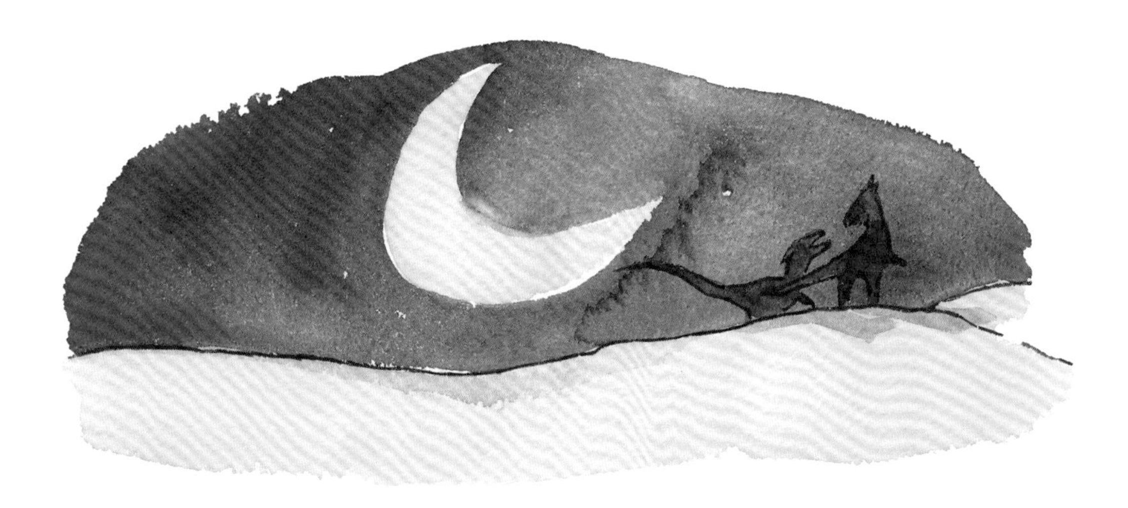

4月19日

早晨，我睁开眼，看到一大群鸟从头顶飞过。他们拍打着长有羽毛的翅膀，在天空中自由翱翔。听年长的伶盗龙说，我们和鸟类有共同的祖先。我低头看了看自己的小翅膀，长叹一声：“为什么我不会飞呢？”

5月2日

猜我今天遇到了谁？我的妈妈！她还带着一群小宝宝，也就是我的弟弟妹妹们。妈妈问我最近过得怎么样，又教了我一些生存小技巧。弟弟妹妹们有点儿怕我，一直躲在妈妈身后。

5月6日

和妈妈分开之后，我很想她。妈妈独自养育了我，并且教会了我如何捕猎、如何躲避危险。

伶盗龙都是妈妈带孩子，爸爸只知道到处游逛。因为没有爸爸的保护，小伶盗龙更容易面临各种危险。有一次，我差点儿被吃掉，是妈妈拼命救了我。我和妈妈的感情很深，我很爱妈妈。

5月9日

今天，戈壁猎龙要跟我比试一下看谁能脚不沾水就渡过小河。我知道他一定会找小河最狭窄的地方跳过去。而我的方法是爬到河边最高的一棵树上，然后拍打翅膀“飞”过去。

戈壁猎龙和我长得有点儿像，身上长着羽毛，脚上长着镰刀爪。不过，他不属于驰龙家族，而属于伤齿龙家族。戈壁猎龙经常耍小聪明，不像我，是有大智慧的。

5月11日

我的大智慧主要用在捕猎上，不过偶尔我也会帮助一下别的恐龙。今天下午，我看到几只绘龙过河时，小绘龙被高高的河岸阻挡，怎么也上不去！

我仔细观察了一下，然后让绘龙妈妈用尾锤敲击石头，敲出一条路。绘龙妈妈照我说的做了，很快路就敲好了，小绘龙可以和妈妈团聚啦！

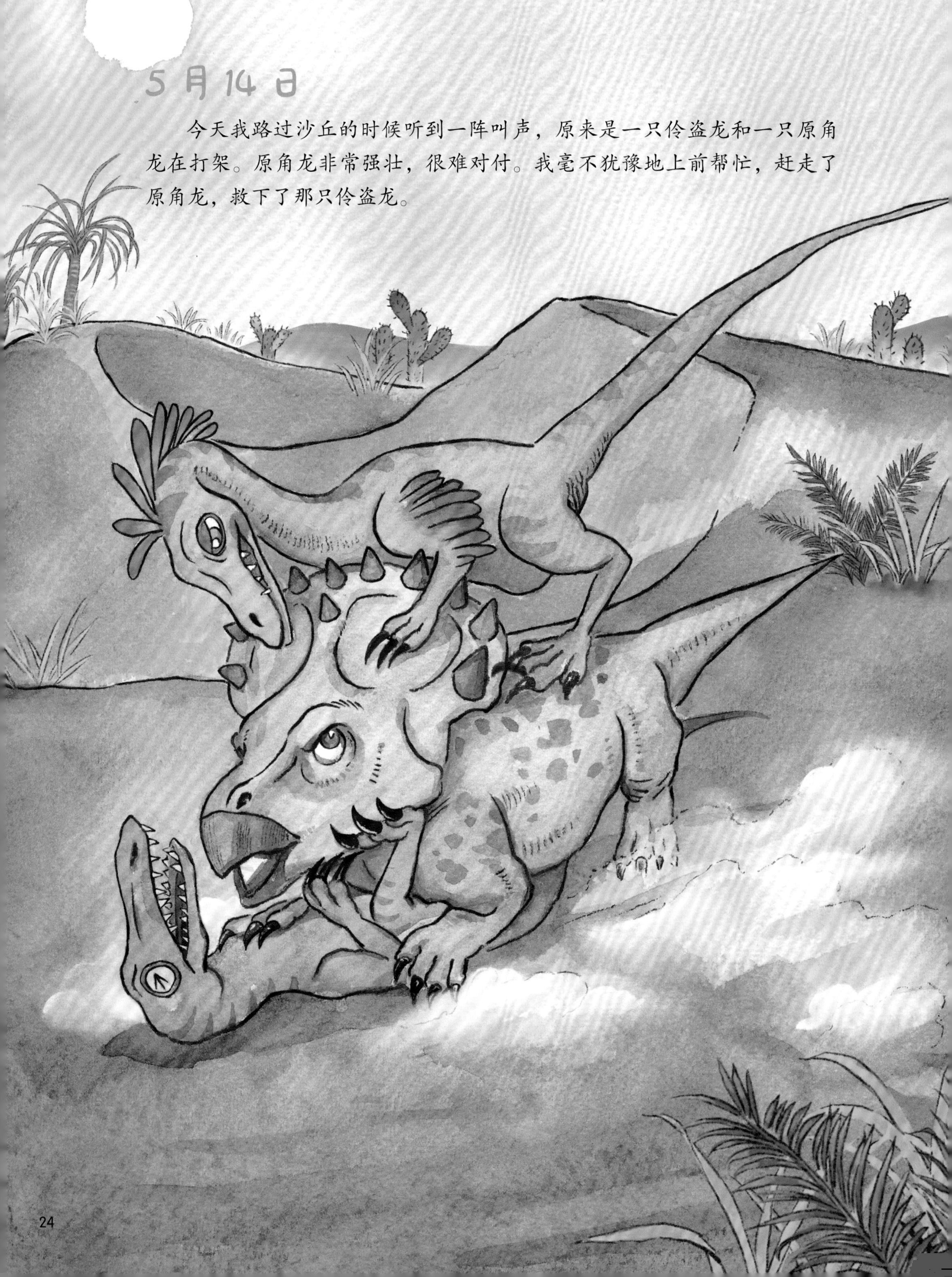

5月14日

今天我路过沙丘的时候听到一阵叫声，原来是一只伶盗龙和一只原角龙在打架。原角龙非常强壮，很难对付。我毫不犹豫地上前帮忙，赶走了原角龙，救下了那只伶盗龙。

我小的时候，曾经误入原角龙群，手被咬伤。现在每次看到手上的疤痕，我都会想起他们像钳子一样有力的嘴巴。

我听说，曾经有一只伶盗龙和原角龙扭打在一起，最后被流沙给吞没了，真的太可怕了！

5月20日

今天我在池塘边喝水，抬起头却看到天空变成了黄褐色，原来是沙尘暴来了。旱季，大风会卷起地面上的沙土，很容易形成沙尘暴。沙尘暴来袭时就像一堵会移动的墙，可以吞没一切，非常可怕。

我看到一只鸟面龙正惊慌失措地跑来跑去。这家伙肯定是第一次经历沙尘暴。我朝他大喊："笨蛋，快趴下！"鸟面龙听了我的话，乖乖趴在了地上。我们俩都平安躲过了这场沙尘暴。

沙尘暴过去了，不一会儿太阳又出来了，天空恢复了晴朗。再过不久，雨季就要来临了。当雨水浇灌大地时，植物会变得茂盛，许多恐龙又会回到这里，我们的好时光又要开始啦！

伶盗龙

伶盗龙因电影《侏罗纪公园》而出名。大家一定知道电影里的伶盗龙“小蓝”吧！

电影里的伶盗龙智商非常高，但是真实的伶盗龙并没有那么聪明。伶盗龙的大脑只与鸟类的差不多大，不过在白垩纪时期已经算得上是“最强大脑”啦！

伶盗龙有许多名字，比如疾走龙、快盗龙、维洛西拉龙等。以前人们也称伶盗龙为迅猛龙，但这个名字现在已经被正式用来命名一种体长只有半米左右的美颌龙啦。

电影中伶盗龙的身上覆盖着像蜥蜴一样的鳞片，但是古生物学家已经确定伶盗龙全身长着像鸟类一样的羽毛，所以看上去就像长着长尾巴的大鸟。

在我们的印象中，伶盗龙是群居动物，它们懂得通过相互配合捕杀猎物。事实上，所有挖掘出来的伶盗龙化石都是单独存在的，所以并没有直接证据能够证明伶盗龙是群居动物，它们很可能是独自行动的猎手。

嘴巴里长有两排锋利的小牙齿

长有羽毛的前肢，
很像一对小翅膀

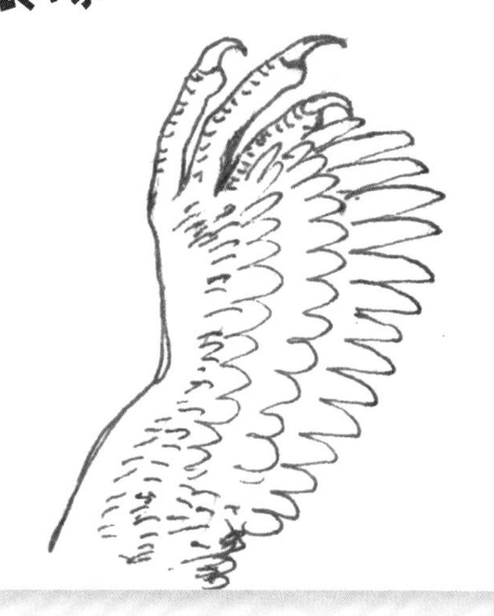

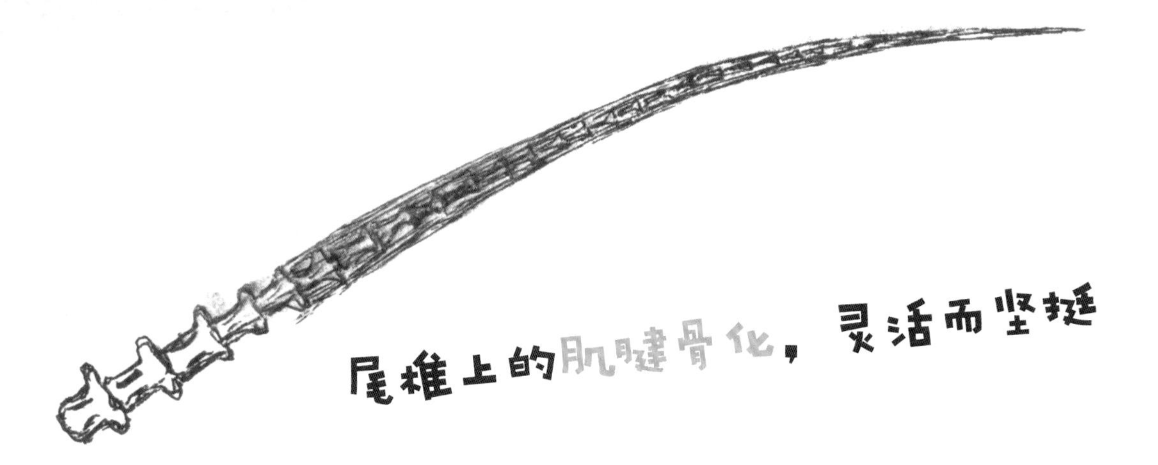
尾椎上的肌腱骨化，灵活而坚挺

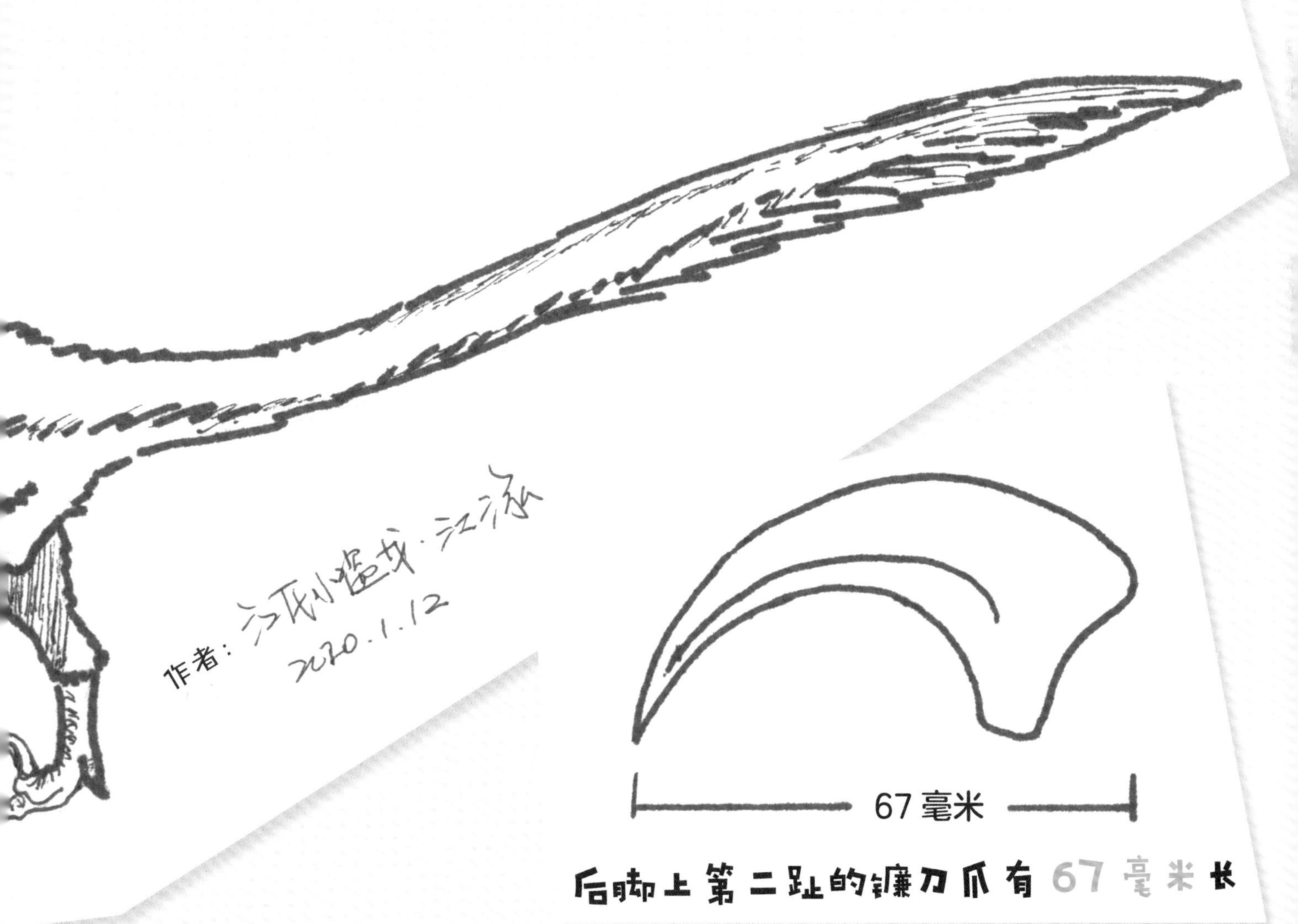
作者：江氏小盗龙·江泓
2020.1.12
67 毫米
后脚上第二趾的镰刀爪有67毫米长

将此书献给我的光与小天使：李泽慧、江雨橦

——江泓

“聪明和智慧是用来帮助他人的。”

安德鲁斯

5月20日

图书在版编目（CIP）数据

嗷！我是伶盗龙 / 江泓著；郑思瑶绘. —北京：北京科学技术出版社，2022.3
ISBN 978-7-5714-1769-7

Ⅰ. ①嗷… Ⅱ. ①江… ②郑… Ⅲ. ①恐龙－少儿读物 Ⅳ. ① Q915.864-49

中国版本图书馆 CIP 数据核字（2021）第 171265 号

策划编辑：代　冉　张元耀
责任编辑：金可砺
营销编辑：王　喆　李尧涵
图文制作：沈学成
责任印制：李　茗
出 版 人：曾庆宇
出版发行：北京科学技术出版社
社　　址：北京西直门南大街 16 号
邮政编码：100035
ISBN 978-7-5714-1769-7

电　　话：0086-10-66135495（总编室）
　　　　　0086-10-66113227（发行部）
网　　址：www.bkydw.cn
印　　刷：北京盛通印刷股份有限公司
开　　本：889 mm × 1194 mm　1/16
字　　数：28 千字
印　　张：2.25
版　　次：2022 年 3 月第 1 版
印　　次：2022 年 3 月第 1 次印刷

定　　价：45.00 元